Инженер В. Я. Волков

Организация машиностроительного завода

Руководство для заводчиков директоров, инженеров, мастеров и пр.

С 47 формулярами

BERLIN W
Verlag von M. Krayn
(Русское отделение)
1924

Посвящаю моему дорогому сыну
Жоржику.

Оглавление.

		Стр.
	От автора	5
1.	Регистрация писем	7
2.	Предложение на получен. запрос	11
3.	Составление сметы	13
4.	Получение и регистрация заказа	19
5.	Передача заказа в мастерския	21
6.	Заказы внешние и внутренние	25
7.	Выполнение заказа в мастерских	27
8.	Расчет и выплата рабочей платы	30
9.	Контроль рабочего времени	33
10.	Выписка материала	35
11.	Управление Склада	37
12.	Инструмент. склад при мастерских	40
13.	Закупка материала	41
14.	Экспедиция	46
15.	Калькуляция себестоимости	47
	Добавления (образцы договоров)	54
	А) Наем рабочих	54
	Б) Наем служащих	58
	В) Передача представительства	61

От автора.

Продуктивная и прибыльная работа всякого машиностроительного завода зависит не только от совершенства технического оборудования, но, в не меньшей степени, и от правильной постановки внутренней, административной организации. Такая постановка должна сводиться к тому, чтобы с момента поступления заказа и до окончания его можно было бы в любое время определить, в каком положении находится его выполнение, какова его себестоимость, как велики накладные расходы, связанные с этим выполнением и т. д. Необходимо иметь возможность неусыпного наблюдения и постоянного контроля за систематическим прохождением обрабатываемого предмета по всем отделам, принимающим участие в творческой работе мастерских.

Для этого нужна стройная совместная деятельность всех последовательных инстанций, составляющих в совокупности администрацию завода.

Дать необходимые указания на определенном примере, как добиться такой организации на небольшом машиностроительном заводе — это и было целью предлагаемой книги.

Настоящий труд, представляя из себя нечто законченно-целое, является, вместе с тем, и дополнением к моей книге «Организация промышленных предприятий». Формулы и тезисы последней, относящиеся к машиностроительному заводу, собраны здесь в одно целое.

Распределение материала здесь выбрано несколько иное.

В общем труде «Организация промышленных предприятий» я исходил из схемы крупного завода, во главе которого стоит директор распорядитель, с подчиненными ему техническим и коммерческим директорами. Этим последним подчинены заведующие всевозможных отделов, с их под-отделами. Деятельность каждого звена общей цепи я разсмотрел по очереди, в причинной зависимости одного от другого.

В предлагаемом труде я избрал другую последовательность. Я разсмотрел постепенное выполнение заказа, начиная с момента получения запроса. При этом получается стройная система, но зато приходится в различных местах изложения касаться несколько раз одного и того же отдела предприятия; следовательно читатель уже должен быть знаком с рамками деятельности каждого из этих отделов.

Формуляры, служащие пояснением к тексту, взяты из практики и могут быть применены к любому машиностроительному или подобному заводу, изменяя их лишь в деталях, применительно к предприятию. Из ряда вариантов организаций, приведенных в моей «Организации промышленных придприятий» я выбрал здесь наиболее простую, но вместе с тем достаточную для того, чтобы иметь наблюдение за течением дела и контроль над ним. Цифровые данные взяты мною совершенно произвольно и преследуют исключительно цель наглядности.

Берлин 1924.

1. Регистрация писем.

Вся получаемая почта вскрывается специальным служащим («старшим регистратором»), детально знакомым с деятельностью всех отделов.

Старший регистратор ставит на каждое письмо штемпель (рис. 1) и помечает на нем те отделы, к которым письмо относится, в соответствующей последовательности. Каждый отдел обозначается условно: Д. — Дирекция; Пр. — Отдел продажи; Т. О. — Технич. Отдел; П. — Производство; Э. — Экспедиция; Б. — Бухгалтерия, и т. д.

Затем письма передаются мелкому служащему регистратуры для занесения в «журнал входящей почты» (рис. 2).

Приведенное письмо, содержащее в себе запрос на паровую машину, направляется: 1. Дирекции, 2. Отделу Продажи. Разноска писем производится в обыкновенных папках, отдельной для каждого отдела. В данном случае папка, в которую старший регистратор вкладывает полученное письмо, носит на лицевой стороне название «Дирекция». Каждый из заведующих отделом имеет столько таких папок, сколько отделов на заводе. Когда Дирекция просмотрит письмо и сделает на полях свою пометку (см. рис. 1), она вкладывает письмо в папку «Отдел Продажи» и пересылает его туда, причем россыльный немедленно возвращает пустую папку обратно.

Вся исходящая почта также проходит через руки старшего регистратора. В данном случае он получит ответ на предложение (вместе с оригиналом запроса) от «Отдела Продажи» и немедленно делает об этом пометку в «Журнале входящей почты». Таким образом можно всегда следить за тем, чтобы письма аккуратно отвечались.

Акц. Об-во Машиностр. Заводов бр. Ивановых.

№ *500* Москва, *2 января* 1922

Арбат, 50.

Телеф. 15-15.

Телегр. адрес: Машиванов, Москва.

Машиностроительному Заводу „Альфа“

Петроград.

Кас.: *паров. маш.*

Милостивые Государи.

Просим сделать нам предложение, не позже 20-го января с. г. на

паровую машину, компаунд, в 20 лош. сил,

вертикальную, с конденсацией пара, Вашего типа Д/30.

В предложении просим указать:

Гарантии расхода пара и прочности.

Цену франко станц. жел. дороги Москва.

Срок поставки.

Если возможно, просим приложить чертеж.

С совершенным почтением

Акц. Об-во Машин. Зав. бр. Ивановых.

К себестоимости прибавить 20%. Д

Получено: *4. I. 22*		
Вход *№ 60*	Номер дела *154*	
Отделы	Получ.	Исполн.
Д. *1.*	*4. I.*	*4. I.*
Пр. *2.*	*4. I.*	*16. I.*
Т. О.	*5. I.*	*15. I.*
П.		
Э.		
Б.		
Закуп.		
Скл.		
Отложено: *17. I. 22*		

Рис. 1.

Журнал входящей почты.

Число	Вход. №	От кого	Кратк. содержание	Кому перед	Когда испол.
4. I. 22	*60*	*Маш. Зав. Иванов.*	*Запрос на D/30*	*D-пр.*	*16. I.*

Рис. 2.

Все исходящие письма пишутся на машинке, с копировальной лентой и, кроме того, с одной копией, получаемой при помощи прокладки угольной бумаги.

Подписанному оригиналу письма дают исходящий номер; письмо копируется в копировальную книгу при помощи пресса («пресс-копия»), а копия («угольная копия») подшивается в обычного типа регистратор, вместе с оригиналом запроса. Таким образом все исходящие письма собраны в хронологическом порядке (копировальная книга), с другой же стороны вся переписка с данным клиентом (т. е. его запросы и ответы на них) собраны в регистраторе, отдельном для каждого клиента.

Двоякая система копий принята по следующей причине:

Сплошь и рядом в оригинале исходящих писем лицо, подписывающее его, делает изменения или приписки (обязательно копировальными чернилами), но забывает сделать эти же изменения на угольной копии. В случае сомнений, сделанные поправки можно восстановить только по копировальной книге.

Если же ограничиваться только пресс-копией, то весьма неудобно следить за перепиской с данным клиентом: его запросы будут находиться в отведенном ему регистраторе а ответы — в копировальной книге.

Журнала исходящей почты вести не имеет смысла, так как при принятой системе он никакой пользы принести не может.

Регистрация ведется следующим образом:

Каждый клиент получает раз навсегда свой номер, напр., в данном случае «154». Все письма хранятся въ регистраторе, носящем этот номер, — самые регистраторы уложены последовательно, по номерам. Кроме того ведется алфавитная регистрация. В данном случае было бы записано: под буквой «А» — Акционерное Общество Машиностроительного Завода Братьев Ивановых — № 154; под буквой «Б» — Братьев Ивановых, Машиностроит. Заводов Акц. Об-во; под буквой «И» — Ивановых, Братьев, Акц. Об. Машиностроит. Заводов.

Эта система регистрации имеет то преимущество перед алфавитной, что при последней в Регистратуре часто не знают, как искать дело данного клиента: под бувой ли «А», под буквой ли «Б», под буквой ли «И» и т. д. Кроме того номера дел быстро врезаются в памяти и старший регистратор очень скоро запомнит, что дело «Акц. Об.-ва Машиностроит. Заводов Бр. Ивановых» имеет № 154.

Для еще большего облегчения регистрации просят клиента (при помощи соответствующей пометки на бланках писем) в своих ответах всегда указывать номер — в данном случае № 154.

Для ускорения работы в Регистратуре, каждое подписанное письмо поступает туда с конвертом, на котором уже надписан адрес, а также со всеми приложениями, если таковые имеются. Перечень приложений должен быть перечислен налево, внизу, и старший регистратор, или его помощник, проверяет его. Если письмо должно быть послано «заказным», то об этом тоже делается надпись в том же углу. — Затем все конверты запечатываются и складываются вместе по весу: столько то требуется наклеить марок в 5 рублей, столько то в 10 рублей и т. д. Затем наклеиваются марки и заносятся в особый журнал (см. рис. 3). По этому журналу регистратура дает отчет кассе.

Отчет о расходе почтовых марок.

	1 р.	2 р.	3 р.	5 р.	6 р.	10 р.	15 р.
Остаток *16. I.*	*50*	*40*	*20*	*50*	*10*	*2*	*5*
Получено из кассы *17. I.*	*10*	*10*	*10*	*15*	*10*	*5*	*3*
Итого *17. I.*	*60*	*50*	*30*	*65*	*20*	*7*	*8*
Израсходовано	*30*	*20*	*15*	*40*	*5*	*1*	—
Остаток к *18 I.*	*30*	*30*	*15*	*25*	*15*	*6*	*8*

Рис 3.

2. Предложение на полученный запрос.

Запрос «Акц. О-ва Машиностроит. Зав. Бр. Ивановых» с пометкой Дирекции о том, чтобы на себестоимость накинуть 20% прибыли, поступает от Дирекции в Отдел Продажи. Здесь первым долгом заполняют «клиентскую карточку» (рис. 4).

Клиентская карточка.

I	II	III	IV	V	VI	VII	VIII	IX	X	XI	XII	1	2	3	4	5	6	7	8	9	10	11	12	13	14	15	16	17	18	19	20	21	22	23	24	25	26	27	28	29	30

Клиент: *Машиностр. Зав. бр. Ивановых*	**Адрес:** *Арбат 50*	**Город:** *Москва*	*№ 154*
Телегр. адр.: *Машиванов*	**Телеф.:** *15-15*	**Время приема:**	
Владелец:	**Директор:**	**Помощ Директ:**	

Переписка				**Личные переговоря**	
Входящая		**Исходящая**			
4. I.	*Запрос на D/30*	*16. I.*	*Предложена D/30*		
1. III.	*Заказана D/30*	*16. II.*	*Послано напоминание*		

Рис. 4.

Если машина нормального типа, то немедленно пишется соответствующее предложение. В противном случае Отдел Продажи передает запрос в Технический Отдел, с просьбой составить смету.

Но так как Регистратура пометила на письме лишь: «Дирекция — Отдел Продажи», то для того, чтобы знать в каждый момент, где находится данное письмо, поступают следующим образом:

Отдел Продажи прикрепляет к папке «В Технический Отдел» записку, на которой пишет: входящий номер письма, число и месяц. Если Регистратура по «журналу входящей почты» увидит, что от Отдела Продажи долго нет ответа и справится там о причине, то по этой записке сейчас же можно будет установить, что письмо передано дальше в Технический Отдел.

Получив все данныя, Отдел Продажи делает предложение согласно рис. 5 и помечает это в «клиентской карточке». На верху карточки прикрепляется бегунок, скажем белого цвета, и притом на тот день, когда сделано предложение. Если по прошествии некоторого времени от клиента не получается ответа (об этом можно судить по положению бегунка: предположим, что тот стоит в феврале месяце все еще на январе) — клиенту пишется напоминание по образцу рис 6, о чем опять делается пометка на карточке и бегунок переставляется.

Машиностроительный Завод „Альфа“.

№ *200.* Петроград, *16-го января* 1922
Сампсониевский пр., 100.

Телеф. 20-20

Телегр. адрес: „Машальфа.-Петроград“.

Дело *154*

просим ссылаться в ответах на этот №

Акционерному Обществу
Машиностроительных Заводов бр. Ивановых
Москва

Кас.: *паров маш. D/30*

Подтверждая с благодарностью получение Вашего запроса от 2-го января с. г. за № 500, настоящим предлагаем:

Паровую машину компаунд, в 20 индик. лош. сил, вертикального типа D/30, с поверхностной конденсацией пара, во всем согласно прилагаемого проспекта.

Гарантия пара — см. проспект.

Цена, со всеми принадлежн., указан. в проспекте, франко ст. жел. дор. Москва, включая упаковку . . . . Р. 352260.—

Срок поставки — 3 месяца со дня получения заказа.

С совершенным почтением

Приложение
1 проспект

Рис. 5.

Если от клиента приходит ответ, что машина ему не подходит, то бегунок с белой головкой снимается совсем. Если же поступает заказ, то первый бегунок снимают и прикрепляют другой, напр., с синей головкой.

Машиностроительный Завод „Альфа".

№ *400* Петроград *16. февраля* 192*2*

Телеф. 20-20. Сампсониевский пр., 100.

Телегр. адрес: „Машальфа-Петроград".

Дело *154*

просим ссылаться в ответах на этот №

Акционерному Обществу
Машиностроительных Заводов бр. Ивановых
Москва

Кас.: *паров. машины D/30*

На наше предложение за № 200, на паровую машину D/30, посланное Вам ровно месец тому назад — мы, к сожалению, до сих пор остались без ответа.

Так как наши машины всемирно известны своей доброкачественностью, то мы надеемся, что при умеренной цене, которую мы Вам дали, и при льготных условиях, приведенных в пересланном Вам проспекте, — Вы остановите свой выбор на нашем фабрикате.

Мы весьма интересуемся этим делом и выражаем надежду получить от Вас заказ в непродолжительном времени.

В ожидании Вашего ответа, пребываем

с совершенным почтением

Машиностроительный Завод „Альфа".

Рис. 6.

3. Составление сметы.

При составлении сметы на машину, которая должна быть вновь изготовлена, Техническому Отделу необходимо установить:

1. какими частями можно воспользоваться со склада,
2. какие части надо приобрести извне,
3. какие части необходимо изготовить.

Для этого первым долгом изготовляют список чертежей тех частей, из которых состоит запрошенная машина.

На рис. 7, слева, под рубрикой «предмет» указан этот список. Здесь собирают как те чертежи, которые уже были изготовлены прежде (№ 50 — вал, № 65 — маховик), так

Перечень частей
(Смета

Предмет: *Паровая машина D/30.*
Для: *Акц. Об-ва машиностроит. Завода бр. Ивановых.*

№№ чертежей	Предмет	Отливка										Мате							
		№ моделей	Стоим. модели			Металл и раб. сила				Итого		Железо				Сталь			
			часы	Р.	К	П.	Ф	Р.	К.	Р.	К.	П.	Ф.	Р.	К.	П.	Ф.	Р.	К.
1100	*Фундам. плита*	*255*	*12*	*200*	—	*160*		*16000*	—	*16200*	—								
	6 болтов											*6*	—	*600*	—				
	6 гаек											*3*	—	*300*	—				
	6 шайб																		
1101	*Подшипники*																		
	4 болта																		
	4 гайки с шайб.																		
	2 вкладыша																		
50	*Вал*			*взять со склада*															
65	*Маховик*			*заказать*															
	8 болтов																		
	8 чаек																		
	2 клина																		
1102	*Цилиндры*																		
	2 крышки																		
	2 золот. кор.																		
	16 золтов																		
	и т. д.																		
				580				*50000*		*50580*	—			*10000*	—			*10000*	—

Рис.

и те, которые необходимо заново изготовить (№№ 1100, 1101, 1102 и т. д.). Из каждого чертежа переносят в указанный «перечень частей и материалов» данные, приведенные на рис. 8 справа под рубрикой «предмет». Эти данные дают возможность судить о количестве и роде материала, необходимого для изготовления каждой части машины.

Данные о стоимости материала Технический Отдел может получить от Управления Складом (см. дальше).

и материалов
№ *300*).

риал								Рабочая сила																		Всего	
медь				проч.				Кузница			Слесар.			Токар.			Строг.			Сверл.			Шлиф				
П.	Ф.	Р.	К.	П.	Ф.	Р.	К.	часы	Р.	К.	часы	Р.	К.	часы	Р.	К.	часы	Р.	К.	часы	Р.	К.	часы	Р.	К.	Р.	К.
																				12	*240*	—				*16440*	—
								18	*360*	—				*10*	*200*	—										*1160*	—
								10	*200*	—				*5*	*100*	—				*5*	*100*	—				*700*	—
																										25000	—
																										18000	—
		6000	—			*3000*			*10000*	—		*20000*	—		*65000*	—		*2000*	—		*6000*	—		*7000*	—	*189580*	—

7.

Ука-за-тель	Изме-нения	№№ по поряд.	Колич.	предмет	матер.	№ мод.	Размеры матер.	Вес матер.
		3	6	гайки	жел.		d = 25 мм.	3 п.
		2	6	болты	жел.		d = 15 мм.	6 п.
		1.	1.	плита	чугун	255	—	160 п.

№ черт.	№ заказа	Назначение	Наименование		Число	Подпись	
1100	2000	Паров. маш. D/30	Фундам. плита	Чертил	2. I.—15. I.	Иванов	Машиностр. Завод „Альфа“
				Копир.	16. I.—25. I.	Петров	
				Провер.	26. I.	Инженер Николаев	

Рис. 8

Для определения стоимости рабочей силы служат «листки аккордных расценок» (рис. 9). Эти расценки представляют результат долгого опыта и теоретического расчета времени, которое требуется для изготовления данного предмета.

Результаты сметы рис. 7 собираются вместе, как указано на рис. 10. Затем к плате за рабочую силу въ каждой

Листок аккордных расценок.

Чертеж № *1100*. Часть *Фунд. плита*. Предмет *Пар. маш. D/30*.

Детали	Размеры	Литейн.			Модели			Кузница			Слесар.			Токар.			Строг.			Сверл.			Шлиф.		
		часы	Р.	К.	часы	Р.	К.	часы	Р.	К.	часы	Р.	К.	часы	Р.	К.	часы	Р.	К.	часы	Р.	К.	часы	Р.	К.
Плита			*16000*	—	*12*	*200*	—																		
болты	*d = 15 мм.*							*18*	*360*	—				*10*	*200*	—									
гайки								*10*	*200*	—				*5*	*100*	—				*5*	*100*	—			

Примечание: *Стоимость отливки 1-го пуда, включая материал и рабочую силу — Р. 100 —*

Рис. 9.

мастерской прибавляются «накладные расходы». Как определяются эти накладные расходы будет показано дальше, («Калькуляционный Отдел»). Здесь заметим лишь, что они выражаются обыкновенно в %-ах заработной платы. Так, в нашем примере, они составляют: для модельной — 100%, для литейной — 50%, и т. д.

Составление сметы рис. 7 требует детальных знаний, усидчивости и терпения. Эта работа поручается опытному составу служащих — инженеров и техников.

Смета № *300.*

Предмет: *Паров. маш. D/30.* Запрос: *2 янв. 1922 № 60.*

Для *Акц Об. Машинистр. Сав. бр Ивановых.* Составлял: *Инж. Сидоров.*

Материал	Вес	Колич	Един. ц.	Сумма
Дерево	*Доска*	*21'×14''×3''*	*100.—*	*100.—*
Чугун	*250 п.*		*50.—*	*12.500.—*
Железо	*100.—*		*100.—*	*10.000.—*
Сталь	*50.—*		*200.—*	*10.000.—*
Медь	*20.—*		*300.—*	*6.000.—*
Проч.				*3.000.—*
				41 600.—
	Прибавка % — *5%*			*2.080.—*
	Итого			*43.680.—*

Рабоч. сила	Стоим.	Накл. расх	Сумма
Модельн.	*480.—*	*100%* *480.—*	*960.—*
Литейн.	*37.500.—*	*50%* *18 750.—*	*56 250.—*
Кузница	*10.000.—*	*50%* *5.000.—*	*15.000.—*
Слесарн.	*20.000.—*	*50%* *10.000.—*	*30.000.—*
Токарн.	*65.000.—*	*40%* *26.000.—*	*91 000.—*
Строг.	*2.000.—*	*300%* *6.000.—*	*8.000.—*
Сверлил.	*6.000.—*	*50%* *3.000.—*	*9.000.—*
Шлиф.	*7.000.—*	*25%* *1.750.—*	*8.750.—*
Проч.			
	147.980.—	*70.980.—*	*218.960.—*

Материал:	Р.	*43.680.—*
Рабочая сила:	„	*218 960.—*
Стоимость производ.	Р.	*262 640.—*
10% общих. накл. расх.	„	*26.264.—*
Себестоимость	Р.	*288.904.—*
Упаковка *2%*	„	*1.445.—*
Фрахт	„	*3.200.—*
Пошлина		—
Итого	Р.	*293.549.—*
20% Прибыль	„	*58.711.—*
Продажная цена	Р.	*352 260.—*

Рис. 10.

Такие детальные сметы разрабатываются только в том случае, если конкурренция очень сильная, или если получение заказа почти гарантировано.

Обыкновенно же довольствуются более общей, но понятно, не такой точной сметой. При этой системе подсчитывают по чертежам лишь сумму веса и стоимость каждого из материалов: чугуна, железа, стали. Статистика и опытные данные дают, затем, возможность довольно точно определить стоимость обработки единицы веса каждого материала. Например можно определить сколько стоит отливка одного пуда чугуна; или поковка одного пуда железа; или сверление дыры в 1″, при толщине металла в 1″ и т. д. Имея эти данные, определяют стоимость всей работы. Результаты такого подсчета суммируются на формуляре рис. 10.

Если завод изготовляет однотипные машины, то при запросе на специальную машину большинство частей бывает нормального типа, а потому и стоимость их была определена раньше. Лишь анормальные части нужно прокалькулировать заново. И если таких частей не много, то стоимость их можно подсчитать по первому, детальному, способу.

4. Получение и регистрация заказа.

В результате предложения (рис. 5) и напоминания (рис. 6) получается заказ.

Регистратура ставит на бланке полученного заказа штемпель согл. рис. 1 и помечает: Д. — Пр.

Дирекция передаеть заказ Отделу Продажи.

Отдел Продажи заносит текст заказа в «Комиссионную книгу» (рис. 11) и дает заказу «комиссионный

Комиссионная книга.

Комис. №	Число	Предмет	Заказчик	Адрес	Цена	Срок.	Исполн.	Примеч.
2000	*1. III.*	*Пар. м. D/30*	*Ак. Об. Машин. Зав. бр. Ивановых.*	*Москва*	*352.260*	*1. VI.*	*30. V.*	

Рис. 11.

Комиссионная карточка (заказ).

I	II	III	IV	V	VI	VII	VIII	IX	X	XI	XII	1	2	3	4	5	6	7	8	9	10	11	12	13	14	15	16	17	18	19	20	21	22	23	24	25	26	27	28	29	30

Заказчик: *Акц. Об. Машиностр. Завод. бр. Ивановых*	**Адрес:** *Москва* **Улица:** *Арбат, 50*	**Заказ №** *2000*

Получ. *1 марта 1920*	**№ заказчика** *550*	**Район представит.** *Москва*	**Представитель** *Николаев*

Срок поставки *1 июня 1920*	**Упаковка** *ящики*	**Пересылка** *мал. скор.*	**Условия платежа:** *50 % при заказе, 50 % через 30 дней после пуска*

Кол.	Предмет	Тип	Цена	Отправл.	№ дублик или конос.	Счет выписан	Уплочено
1	*Пар. маш.*	*D/30*	*352.260*				

Передано: { **Кому:** *Т. О.* **Когда:** *2. III.*

Весь заказ исполнен: *30 V.*

Примечание

Рис. 12.

номер», — «2000», который красной нитью проходит по всему заказу.

Затем выписывается «комиссионная карточка» согл. рис. 12. Оригинал этой карточки остается в Отделе Продажи. Одновременно с тем выписывается ряд копий, при помощи угольной, копировальной бумаги. Так как эти копии, как увидим ниже, несколько отличаются друг от друга текстом, то под эти отличные друг от друга места предварительно подкладывается белая бумага. Каждая копия имеет свой цвет, в зависимости от отдела, для которого предназначена:

а) Технический Отдел получает копию такого вида, как указано на рис. 12. Графы «отправлено», «дубликат», «счет выписан», «уплочено» заполняются только в Экспедиции и Бухгалтерии.

б) Управление Производством получает копию, указанную на рис. 13.

в) Управление Складом — см. рис. 12.

г) Экспедиция — то же.

д) Бухгалтерия — то же.

е) Калькуляционный Отдел — рис. 13.

Получив заказ, Технический Отдел устраивает совместное совещание с Управлением Производства для установления

Комиссионная карточка

(для управл. произв. и калькул отд).

I	II	III	IV	V	VI	VII	VIII	IX	X	XI	XII	1	2	3	4	5	6	7	8	9	10	11	12	13	14	15	16	17	18	19	20	21	22	23	24	25	26	27	28	29	30

Заказчик:		Адрес:	Заказ №
		Улица:	
Получ	№ заказчика	Район представ.	Представитель

Срок поставки	Упаковка	Пересылка	Условия платежа

Кол.	Предмет	Тип	Цена	К этому заказу выписаны ордера					Стоимость		Передано: Кому / Когда
				Мастерской	Число	№	Срок	Испол.	Матер.	Раб. сила	
				Кузн.-Ток. сверл.	*3 IV.*	*3140*	*24. IV*	*24. IV.*	—	*960.—*	Примечание

Рис. 13.

Таблица сроков.

Предмет: *Паров. маш. D/30.* Заказ № *2000.*

Рис. 14.

сроков изготовления отдельных частей. Для этой цели извлекается старый перечень частей и материалов рис. 7 (или составляется заново, если этого не было сделано прежде) и по этому перечню устанавливается срок для изготовления каждой части.

Результаты этого совещания заносятся в таблицу, указанную на рис. 14.

Перечни частей и материалов составляются для следующих отделов:

а) Управления Производством;
б) Управления Складом;
в) Экспедиции;
г) Калькуляционного Отдела.

Каждый из «перечней» приспособлен для того Отдела, который его касается:

а) Управление Производством (рис. 15). Левая часть, до графы «Ордер выписан и т. д.» и «примечание» заполняется Техническим Отделом. Заведующий Управлением Производством размечает буквами последовательный ход работ и разбивает всю работу на отдельные сроки, согласно общей таблицы сроков (см. рис. 14).

б) Склад получает «перечень» частей и материалов» (рис. 16) который является вместе с тем и требованием на материал. Склад отмеряет, отрезает и отпускает материал, имеющийся на лицо. Если чего нибудь не хватает, то склад сносится с Отделом Закупок и тот покупает недостающий материал или части (см. главу 13-ую).

в) Экспедиция (рис. 17) приступает к заготовлению ящиков, пользуясь указаниями размера машинных частей.

г) Калькуляционный Отдел получает перечень-смету указанный на рис. 7. По мере выполнения заказа сюда стекаются все данные о стоимости материала, рабочей силы и т. д. По окончании заказа Калькуляционный Отдел собирает эти данные и сравнивает их с данными предварительной калькуляции (сметы).

5. Передача заказа в мастерския.

Разметив буквами работы на «перечне частей и материалов» (рис. 15), Управление Производством распределяет работу по мастерским. Для этой цели Управление Производством выписывает так называемые «ордера», рис. 18,

Перечень частей и материалов (для Управления Производством).

Предмет: *Паровая машина D/30.*

Для: *Акц. Об-ва машиностроит. Заводов бр. Ивановых.*

Заказ № *2000*

№ черт	Предмет	Материал			Черт. получ управл произв.	Ордер выписан и чертеж послан мастерск.								Изготовлено	Примечание
		Наим.	Разм.	Вес		Мод.	Лит.	Кузн.	Слесар.	Токар.	Строг.	Сверл	Шлиф.		
1100	*Фундам. плита*	*чугун*	*2×3 mt.*	*160 п.*	*2. IV.*		*a-3.IV.*		*b-1.V.*	*c-5.V.*		*d-8.V.*		*8. V*	*мод. № 255 уже имеется*
	6 болтов	*жел.*	*d·15; l·75*	*6 п.*				*a-10.IV.*		*b-15.IV.*		*c-20.IV.*		*25. IV.*	
	6 чаек		*d·25; l·35*	*3 п.*				*a -*		*b -*		*c -*			
	6 шайб		*d·30; l·15*	*1 п.*				*a -*		*b -*	*c -*	*d -*			
1101	*Подшипники*	*чу.*	*50×175*	*15 п.*	*12. III.*										
	4 болта	*жел.*	*d·30; l·250*	*2 п.*											
	4 чайки с шайб	*„*	*d·15; l·30*	*1 п.*											
	2 вкладыша	*медь*		*1 п.*											
50	*Вал*	*сталь*			*2. III.*										*взять готовый со склада*
65	*Маховик*	*чугун*			*2. III.*										*заказать*
	8 болтов														
	8 чаек														
	2 клина														
1102	*Цилиндры*														
	2 крышки														
	2 золот. кор.														
	16 болтов														Буквы обозначают последовательность обработки

Рис. 15.

Перечень частей и материалов (для склада).

Предметъ: *Паровая машина D/30* Заказ № *2000.*

Для *Акц. Об.-ва Машиностр. Завод. бр. Ивановых.*

№ черт.	Предмет	Материал						Примечание
		Наим	Разм.	Вес	Цена Р	Цена К.	для какой мастерск	
1100	*Фундам. плита*	*чугун*	*2×3 m t*	*160 п.*			*лит.*	*отпущено 4. IV.*
	6 болтов	*жел.*	*d=15; l=75*	*6 п.*			*кузн*	*„ 9. IV.*
	6 гаек	*„*	*d=25; l=35*	*3 п*			*„*	*„ 9. IV.*
	6 шайб	*„*	*a=30; l=15*	*1 п.*			*„*	*„ 9. IV*
1101	*Подшипники*	*чуг*	*50×175*	*15 п*			*лит*	*„ 4. IV.*
	4 болта	*жел.*	*d=30; l=250*	*2 п.*			*кузн.*	
	4 гайки с шайб	*„*	*d=15; l=20*	*1 п.*			*„*	
	2 вкладыша	*медь*		*1 п.*			*лит.*	
50	*Вал*	*сталь*					*токар.*	*готовый на складе*
65	*Маховик*	*чугун*						
	8 болтов							*заказать. Заказ передан 10. III. отделу закупок.*
	8 гаек							
	2 клина							

Рис. 16.

Перечень частей и материалов (для экспедиции).

Предмет: *Паровая машина D/30.* Заказ № *2000.*

Для *Акц. Об.-ва машиностр. Зав. бр. Ивановых.*

№ черт.	Предмет	Материал				Отправлено		Примечание
		Наим.	Разм.	Вес	Род упаков	Число	№ дубл или конос.	
1100	*Фундам. плита*	*чугун.*	*2×3 m t*	*160 п.*	*ящик*			
	6 болтов	*жел.*	*d=15; l=75*	*6 п.*				
	6 чаек	*„*	*d=25; l=35*	*3 п.*	*ящик*			
	6 ш йб	*„*	*d=30; l=15*	*1 п.*				
1101	*Подшипники*							
	4 болта							
	4 гайки с шайб							
	2 вкладыша							
50	*Вал*							
65	*Маховик*							
	8 болтов							
	8 гаек							
	2 клина							

Рис. 17.

Управление Производством. Заказ № *2000*

В мастерския: *кузницу — токарную — сверлил.*

Ордер № *3140.*

Заказчик: *Акц. Об. машиностр Зав. бр. Ивановых.*
Предмет: *Паров. маш. D/30.*

	Срок	Окончено
Изготовить 6 болтов, 6 гаек и 6 шайб по чертежу № 1100, позиц. 2 и 3.	*кузн. — 14. IV.*	*14. IV.*
3-го апреля 1922.	*токар. — 19. IV.*	*19. IV.*
	сверл. — 24. IV.	*24. IV.*
Управл. производств.:		

Работа сдана:

Число	№№ рабоч.	№№ раб. листка	Оконч	Подпись	Материал		Работа	
					Вес	Р.	Часа	Р. К.
10. IV	*500, 501*	*1500,1505*	*14. IV*	*мастер кузницы*	*10 п.*	*1500*	*2×14*	*560.—*
15. IV	*102*	*999*	*19. IV.*	*мастер токарной*			*15*	*300.—*
20. IV.	*300*	*1200*	*24. IV*	*мастер сверлил.*			*5*	*100.—*

Рис. 18.

причем указывает: № заказа, № ордера, имя заказчика, наименование предмета, что нужно сделать, срок (согласно рис. 14). Если работа сдается в аккорд и ставки зафиксированы в «листке аккордных расценок», то Управление Производством заполняет также и графу: «работа».

Оригинал ордера посылается в мастерскую (в данном случае сперва в кузницу), а копия остается в Управлении Производством. Эта копия, как и ряд других, относящихся к заказу № 2000, подшивается вместе с бланком заказа, рис. 12 и перечнем частей и материалов, рис. 15.

На настольном календаре, на числе «14-го Апреля» делается пометка: «кузница — ордер № 3140»; на числе «19-го Апреля» делается пометка: «токарная — ордер № 3140». По этим записям Управление Производством следит за своевременным выполнением ордера.

Ордер, по образцу рис. 18, подвешиваетая к обрабатываемому предмету и пересылается из мастерской в мастерскую. В последней мастерской он снимается и посылаетая обратно в Управление производством, а оттуда — в калькуляционный Отдел.

6. Заказы внешние и внутренние.

Все заказы делятся на три группы:

1. Заказы, полученные от клиентов.
2. Заказы, которые Дирекция дает Управлению Производством на изготовление машин в запас, для склада.
3. Заказы, которые дает не Дирекция, а Управление Производством прямо в мастерския, для ремонта машин, зданий, инструментов и т. д.

Для отличия, каждый из этого рода заказов имеет свою нумерацию:

1. Эта группа имеет №№ от 2000—10 000.
2. Эта группа имеет №№ от 10 000.
3. Эта группа имеет №№ от 100 до 2000.

Внутренний заказ.

I	II	III	IV	V	VI	VII	VIII	IX	X	XI	XII	1	2	3	4	5	6	7	8	9	10	11	12	13	14	15	16	17	18	19	20	21	22	23	24	25	26	27	28	29	30	31

Срок изготовл.	Получено Управлением Производ.	Изготовл.	№

К этому заказу выписаны ордера:					Предмет
Мастерской	№	Срок	Исполнено	Примеч.	*3 паровых насоса типа D/10*
					Число: Дирекция:

Рис. 19.

Группа 1-ая заказов имеет вид, указанный на рис. 12. Этот заказ пишется на бланках белого цвета (см. главу 4-ую).

Группа 2-ая заказов имеет вид схожий с рис. 13. Он изображен на рис. 19 и пишется на синей бумаге.

Группа 3-ая по характеру своему резко отличается от первых двух. Первые две группы заказов Управление Производством получает, третью же группу выдает само.

Выше мы сказали, что Управление Производством распределяет работу путем «ордеров». (Глава 5.)

Таким образом мы различаем:

Группа 1-ая — внешние заказы: Получиве их, Управление Производством распределяет работу по мастерским путем «ордеров к внешним заказам». — Рис. 18.

Группа 2-ая — Внутренние заказы: Получив их, Управление Производством распределяет работу по мастерским путем «ордеров к внутренним заказам». То же что и рис. 18.

Группа 3-ая — Внутренние ордера, которые Управление Производством непосредственно выписывает само по мастерским.

Управление Производством. Текущ. № *1050*

В мастерскую: *Кузницу*

Внутренний ордер № *102*

Отковать шатун для паровой машины электрич. станции.	Срок	Окончено
	18 апреля	*18 апреля*
Число: *1 апреля 1922* Управл Произв:		

Работа сдана:

Число	№ рабоч.	№ рабоч. листок	Окопч.		Материал				Работа	
					Число	матер.	№ треб.	Р. К.	Часа	Р. К.
9. IV.	*500*	*1501*	*18. IV.*	*мастер кузницы: Николаев*	*7. IV.*	*жел.*	*3700*	*500.—*	*54*	*1500 —*

Рис 20

Образец «внутреннего ордера» указан на рис. 20. Он имеет такой же вид; как и ордер к внешнему заказу» рис. 18.

Если ремонт такого рода, что определить заранее его стоимость Управление Производством не может, — то графа «работа» остается незаполненной. Мастер соотвествующей мастерской уславливается с рабочим относительно уплаты и проставляет затем эту сумму в указанную графу.

Дабы по номеру внутреннего ордера можно было бы судить о характере работы, эти ордера имеют особую нумерацію, собранную в таблице рис. 21. По номеру «1—02» рис. 20 сразу видно, что работа относится к электрической станции («1») и к ремонту машины («02»). Эта таблица вывешена в Управлении Производством и во всех мастерских.

Выдав «ордер» к внешнему или внутреннему заказу, Управление Производством делает об этом пометку на бланке, полученного заказа (рис. 13 или 19), в графе «к этому заказу выписаны ордера». По этим пометкам Управление Производством следит за тем, чтобы работа своевременно и полностью была бы исполнена.

Нумерация внутренних ордеров.

Наименование Статей	Эл. станц	Мод.	Лит.	Кузн.	Слесар	Токар.	Строч.	Сверл.	Шлиф.	Склад
Содержание зданий	1-01	2-01	3-01	4-01	5-01	6-01	7-01	8-01	9-01	10-01
„ машин	1-02	2-02	3-02	4-02	5-02	6-02	7-01	8-02	9-02	10-01
„ станков	1-03	2-03								
„ эл. моторов	1-04	2-04								
„ пар котлов	1-05	2-05								
„ трансмиссий	1-06									
„ водопровода	1-07	и	и	и	и	и	и	и	и	и
„ паропровода	1-08	т.	т.	т.	т.	т.	т.	т.	т.	т.
„ освещения	1-09	д.	д.	д.	д.	д.	д.	д.	д.	д.
„ телефонов	1-10									
„ сигнализации	1-11									
Уборка помещений	1-12									
Прочие работы	1-13									

Рис. 21.

7. Выполнение заказа в мастерских.

Получив от Управления Производством «ордер», Бюро мастерской заносит его в «книгу входящих ордеров» рис. 22. Эта книга необходима потому, что по окончании работы Бюро мастерской возвращает бланк ордера Управлению Производством, Таким образом не будь этой книги в мастерской не осталось бы никаких следов о произведенной работе.

Книга входящих ордеров.

Мастерская: *Кузница.*

Число	№ ордера	№ раб.	№ раб. лист.	Описание работы	Начато	Кончено	Сдано дальше
10. IV.	*3140* / *2000*	*500, 501*	*1500, 1505*	*отковать 6 болт, 6 гаек, 6 шайб по чертежу 1100.*	*10. IV.*	*14. IV.*	*токарной*

Рис. 22.

Вслед за тем Бюро мастерской выписывает «рабочий листок (рис. 23) — аккордный или поденный, смотря по тому, как сдается работа рабочему. Об этом немедленно делается пометка на бланке ордера, в графах «число», «№ рабочего листка», а также в книге входящих ордеров.

Оригинал рабочего листка остается в Бюро мастерской, а копия вручается рабочему.

Служащий Бюро мастерской (—«писарь», «табельщик») ежедневно обходит своих рабочих и заносит в оригинал и в копию рабочего листка число часов, проработанных рабочим по данному ордеру.

Рабочий $\frac{\text{аккордный}}{\text{поденный}}$ листок № *1500*

Мастерская: *Кузница.* Рабочий: *Иванов.* № *500.* Плата в час *Р. 20.*

Заказ №	Ордер №	Черт. №	Позиц	Поденно		Аккордно				Платежная неделя		
						За шт	Сумма	Общ. ак	Авансы			
2000	*3140*	*1100*	*2,3*	Часы	Р. К.	Р. К.	Р. К.	Р. К.	Р. К.	Неделя	Часы	%
отковать 6 долтов, 6 гаек, 6 шайб								*280.—*	*280.—*	*15-ая*	*14*	—

Месяц: *апрель*	*15* неделя						*16* неделя						*17* неделя					
Число	*9*	*10*	*11*	*12*	*13*	*14*	*16*	*17*	*18*	*19*	*20*	*21*	*23*	*24*	*25*	*26*	*27*	*28*
Часы	–	*8*	—	—	—	*6*	—	—	—	—	—	—	—	—	—	—	—	—
Ежедневн. ревизия мастера		*Николаев*				*Николаев*												

Остат.	—	Начато: *10 апреля 1922*
Сумма	*280.—*	Окончено: *14 апреля 1922*

С условиями аккорда согласен:
Рабочий: *Иванов*
Работа окончена и принята:
Мастер: *Николаев*
14 апреля 1922

Рис. 23.

Рабочий $\frac{\text{аккордный}}{\text{поденный}}$ листок № *1501*

Мастерская: *Кузница.* Рабочий: *Иванов.* № *500.* Плата в час *Р. 20.*

Заказ №	Ордер №	Черт №	Позиц.	Поденно		Аккордно				Платеж. неделя		%
						За шт.	Сумма	Общ. ак.	авансы			
1050	*102*	—	—	Часы	Р. К.	Р. К.	Р. К.	Р. К.	Р. К.	Неделя	часы	
Отковать шатун для паровой машины электрич станции								*1500.—*	*640.—* *480.—*	*15-ая* *16*	*32* *24*	*34%*

Месяц; *апрель*	*15* неделя						*16* неделя						*17* неделя					
Число	*9*	*10*	*11*	*12*	*13*	*14*	*16*	*17*	*18*	*19*	*20*	*21*	*22*	*23*	*24*	*25*	*26*	*27*
Часы	*8*	—	*8*	*8*	*8*	—	*8*	*8*	*8*	—	—	—	—	—	—	—	—	—
Ежедневн. ревизия мастера	*Николаев*		*Николаев*	*Николаев*	*Николаев*		*Николаев*	*Николаев*	*Николаев*									

Остат.	*380*	Начато: *9-го апреля*
Сумма	*1500*	Окончено: *18-го апреля*

С условиями аккорда согласен:
Рабочий: *Иванов*
Работа окончена и принята:
Мастер: *Николаев*
18 апреля 1922

Рис. 24.

В нашем примере у рабочего № 500 имеется 2 рабочих листка: один на ордер внешнего заказа № 2000 — рис. 23, и один на внутренний ордер «1—02» (рис. 24).

Бюро мастерской заполняет на рабочем листке все графы, кроме тех, которые относятся к расчету причитающейся рабочему платы, т. е. «аванса», «остаток» и «сумма». Эти графы заполняются Расчетным Отделом.

В конце недели (обыкновенно в субботу) все аккордные листки отбираются у рабочих и вместе с оригиналами посылаются в Расчетный Отдел. Выплата производится в следующую субботу. Таким образом Расчетный Отдел имеет в своем распоряжении одну неделю.

Об оконченных аккордах делается отметка: в рабочих листках, (в рубрике «окончено») в книге входящих ордеров и на бланках ордеров (рис. 18, 20). Последние возвращаются Управлению Производством (если работа не должна быть переслана в дальнейшую мастерскую), которое делает пометку на бланке полученного им заказа (рис. 13 и 19) и на «перечне частей и материалов» рис. 15, в графе «изготовлено». Вслед за тем Управление Производством пересылает ордер, возвращенный из мастерской, в Калькуляционный Отдел.

8. Расчет и выплата рабочей платы.

Расчетный Отдел, получив рабочие листки из Бюро мастерской, собирает их по мастерским, а для каждой мастерской, — по номерам рабочих.

В рассматриваемом примере рабочий № 500 имеет 2 листка: рис. 23 и 24.

Первым долгом подсчитывают на каждом листке, сколько рабочему полагается получить за проработанное время.

По рис. 23 рабочий проработал 14 часов, следовательно по этому ордеру онъ заработал 14 час × 20 = Р. 280. А так как аккорд был ему сдан за эту же сумму, то больше ему ничего не полагается.

Такое явление указывает, обыкновенно, на то, что аккорд был подсчитан весьма низко, т. е. что срок исполнения работы в 14 часов был принят чрезчур краткий: если-бы было принято за норму, скажем, 16 часов, то аккорд должен был бы равняться 16×20= 320 Р. Тогда рабочий, закончив работу в 14 часов, должен был бы согласно аккорда получить 320 Р., т. е. (320—280) Р. = 40 Р. сверх нормы; другими словами, онъ получил бы за свою работу полный заработок — 280 Р. плюс 14½% этого заработка — 40 Р.

Обыкновенно аккордные ставки расчитываются таким образом, чтобы этот излишек заработка составлял 25—50%.

Затем подсчитывается следующий листок, рис. 24. По этому листку рабочий проработал за 15-ую неделю — 32 часа и не кончил аккорда. Следовательно в счет аккорда ему причитается получить: 32×20=640 Р.

Листок рис. 23 — о р и г и н а л — остается в Расчетном Отделе, (ибо работа окончена), а к о п и я возвращается рабочему. Листок рис. 24 — о р и г и н а л и к о п и я возвращаются в Бюро кузницы не позже полудня следующего дня (т. е. понедельника). О р и г и н а л Бюро кузницы оставляет у себя, продолжая запись часов, а к о п и ю вручает рабочему.

В следующую неделю Расчетный Отдел подсчитывает по листку рис. 24, что рабочий проработал на ордер «102» 24 часа, следовательно ему полагается 24×20=480 Р. А так как работа была сдана ему за 1500 Р., то ему причитается получить, кроме 480 Р., остаток въ 380 Р. (ибо 640 Р- он получил на прошлой неделе). Всего он проработал 56 часов; при поденной плате ему полагалось бы получить

Мастерская: *Кузница*

Табель с *9 апр.* по *14 апреля.*

15-ая Платеж. неделя

№ по порядку	№№ рабочих	Фамилия	Рабочее время												Итого-часов		Плата в час	Заработ		Вычеты		Выплатить	
			9		*10*		*11*		*12*		*13*		*14*										
			Норм	Сверх	Норм	Сверх	Норм.	Сверх.	Норм.	Сверх	Норм.	Сверх	Норм.	Сверх	Норм	Сверх		Р	К.	Р	К	Р.	К.
1	*500*	*Иванов*	*8*	—	*8*	—	*8*	—	*8*	—	*8*	—	*6*	—	*46*	—	*20* —	*920*	—	*75*	—	*845*	—

Рис. 25.

56×20 = 1120 Р. А так как он получил 1500 Р., то он заработал на 34% больше. Эта цифра пишется в графу «%».

Подсчитанные заработки рабочих суммируются на так назыв. «платежной ведомости» или «табели» (рис. 25). Так заработок рабочего № 500 за 15-ую неделю получится из двух листков: № 1500 — 280 Р. и № 1501 — 640 Р., итого 920 Р.

Мастерская: *Кузница.*

Расписка

15 платежная неделя от *9* до *14 апреля.*

Рабочий *Иванов.* № *500.*

Сумма поденных часов:	—	по	Р.	=	
„ сверхуроч. „	—	„	Р.	=	
„ аккордн. „	*46*	„	Р *20.—*	=	*Р. 920.—*
Остаток аккорд. платы	—	„	Р.	=	—
				Заработано:	*Р. 920.—*

Вычеты:

Больничная касса:	Р. *15.—*	
Страховка	Р. *10.—*	
Авансы	Р. *50.—*	*Р. 75.—*
	Выдать:	*Р. 845.—*

Означенную сумму получил, претензий не имею и иметь не буду

Число: *21 апреля* Рабочий: *Иванов*

Рис. 26.

Аванс.

Мастерская: *Кузница*	Мастерская: *Кузница*
Корешок № *100*	**Талон в кассу № *100***
Выдать рабочему *Иванову*. № *500*	Выдать рабочему *Иванову*. № *500*
в счет рабочей платы Р. *50*	в счет рабочей платы Р. *50*
Число: *8 апреля*. Мастер: *Николаев*	Число: *8 апреля* Мастер: *Николаев*
Начальник мастерской	Начал. мастерск. *Инж. Сидоров*.
Инженер Сидоров	Означенную сумму Р. *50*.—
	Получил *Иванов*.
	Число: *8 апреля 1922*.

Рис. 27.

После этого для каждого рабочего выписывается расписка (рис. 26), из которой видно, как распределился его заработок. Для того, чтобы получить аванс, указанный на расписке, рабочий должен заручиться «талоном в кассу» (рис. 27).

Для более удобной расплаты с рабочими, Расчетный Отдел представляет в кассу «выборку денежных единиц» (рис. 28). Так для уплаты рабочему № 500 потребуется: одна бумажка в 500 Р., 3 бумажжи по 100 Р., одна бумажка в 25 Р. и две бумажки по 10 Р. Эта выборка служит вместе с тем и контролем табели: суммируя все денежные единицы, должна получиться сумма табели.

Мастерская: *Кузница* Табель с *9* по *14 апреля*

Выборка денежных единиц.

		Число	Сумма
500 руб.	|	*40*	*20 000*
100 руб	|||	*50*	*5 000*
50 руб.		*100*	*5.000*
25 руб.	|	*100*	*2.500*
10 руб.	||	*300*	*3.000*
5 руб.		*300*	*1.500*
3 руб.		*200*	*600*
1 руб		*100*	*100*

Итно Р. *37.700*

Рис. 28.

Затем каждому рабочему вкладывают его заработок в бумажный мешечек, на котором пишется фамилия рабочего, а также сумма его заработка. Если для последнего рабочего остается именно та сумма, которую ему надо выдать, то раскладка произведена правильно. В противном случае все мешечки необходимо вновь проверить.

Раскладку и выплату денег поручают, во избежание злоупотреблений, не служащим Расчетного Бюро, а служашим Бухгалтерии или Кассы.

Расписки, заранее заготовленные, вручают рабочим за несколько часов до выплаты, дабы они могли проверить правильность расчета. Соответствующий служащий обходит рабочих, берет от них подписанную расписку и передает им мешечек с деньгами. Таким путем рабочих не отрывают от их работы.

9. Контроль рабочего времени.

При входе на территорию завода имеется так называемая «Проходная Контора». Около нее висят на стене несколько досок, с ввинченными в них крючками. Доски закрыты сетчатой крышкой. Каждая мастерская имеет свою доску. Под каждым крючком надписан краской номер. Каждая мастерская имеет свой интервалл номеров, напр., модельная 1—100; литейная 100—200 и т. д.

На каждом крючке висит жестяная бляха, с выбитым на ней номером, причем номер бляхи соответствует номеру крючка.

За 5 минут до открытия Проходной Конторы сторож («привратник», «контролер») открывает замкнутые на ключ проволочные дверцы досок, и вновь запирает их через 15 минут после заводского гудка.

Рабочие проходят через Проходную Контору, снимают свои номерки-бляхи с крючков и несут их в мастерскую. При этом привратник следит за тем, чтобы один рабочий не взял бы, кроме своего номера, и номер какого нибудь товарища.

При входе в мастерскую стоит ящик с прорезью. В эту прорезь рабочий опускает свой номер.

Служащий бюро мастерской («табельщик») вынимает, по прошествии 15-ти минут, номерки и развешивает их на такую же доску с крючками, висящую на стене, около конторки мастера.

Цель указанных ящиков следующая:

Рабочие всегда торопятся при входе в мастерския и при выходе из завода. Если они должны вешать свои номерки на крючки, то, в торопях, очень легко могут ошибиться и повесить свой номерок на чужой крючек. Служащий же, вынимающий номерки из ящика, может развесить их не торопясь, чем избегаются вышеуказанные ошибки.

Затем привратник составляет рапортичку (рис. 29). По пустым крючкам каждой доски он видит, какие рабочие пришли на работу. Оставшиеся же висеть номерки указывают, что их владельцы не явились. Оригинал рапортички посылается в Бюро соответстующей мастерской, а копия остается у привратника.

Контроль рабочих в проходной конторе.

Мастерская *Кузница.* *25 апреля 1922.*

До обеда			После обеда		
№№ рабоч	Отсутствовал Число часов	Опозд. не свыше 15 мин. Номера рабоч.	№№ рабоч.	Отсутствовал Число часов	Опозд. не свыше 15 мин. Номера рабоч.
502	*4*	*506*	*502*	*4*	—
503	*4*	—	—	—	—

Рис. 29.

В Бюро Мастерской поступают наоборот: по имеющимся номеркам определяют, кто явился на работу. Пустые крючки обозначают отсутствующих.

Обе рапортички сравниваются и часы вносятся в табель (рис. 26).

При оставлении рабочими завода поступают наоборот. Снятые с досок в мастерской номерки опускаются рабочими у Проходной Конторы в ящики (для каждой мастерской свой ящик), после чего привратник вынимает их оттуда и развешивает на соответствующие доски.

Затем привратник сравнивает оставшуюся у него копию рапортички с номерками: если какого нибудь номерка не хватает, то данный рабочий остался на сверхурочное время для чего он должен получить от мастера особое удостоверенiе (рис. 30). Это удостоверение рабочий при выходе отдает привратнику, а тот на другое утро посылает его в Бюро соответствующей мастерской. Не основании этого удостоверения рабочему вписывают сверхурочное время в табель.

Разрешение на сверхуроч. роботы.

Мастерская: *Кузница.* Рабочий: *Петров № 502* остается на сверхурочное время от *4* час. до *6*, т. с. на *2* час.
Число: *24 апреля.* Мастер.: *Николаев.*

Рис. 30.

10. Выписка материала.

Там, где можно заранее составить «перечень частей и материала» (рис. 16), таковой служит и требованием для склада. Но там, где этого сделать заранее нельзя — напр., при всех ремонтных работах («внутренние ордера») мастерская сама выписывает материал.

Для этой цели у каждого мастера имеется специальная книжка, с нумерованными листками. Для того, чтобы можно было сразу определить, какая мастерская затребовала материал, — каждая мастерская имеет свой интервалл номеров, напр., модельная №№ 1—1000, литейная 1000—2000 и т. д. Образец такой книжки показан на рис. 31. Корешок остается в бюро мастерской, 1-ый и 2-ой талон даются рабочему и он отправляется с ними в Управление Склада. 2-ой талон подписывается получателем материала и остается на складе, как оправдательный документ. 1-ый талон склад пересылает после обеда в Бюро Мастерской (в течение дня таких талонов накапливается довольно много). Там проверяют, соответствует ли возвращенный талон корешку требования, ибо часто случается, что на складе нет точно такого материала, как необходимо рабочему. Тогда ему дают что нибудь подходящее, о чем делают пометку на обоих талонах. Это исправление Бюро Мастерской делает и на корешке требования. Вслед за этим Бюро Мастерской вносит в бланк

Требование на материал.

Корешок

Мастерская: *Кузница*

Требование № *3700*

Заказ № *2050* Ордер № *102.*

Выдать раб. *Иванову.* № *500.*

Кол.	Вес	Наименование
—	*5 п.*	*жел. диам. 50 мм.*

Число: *7. IV.* Мастер: *Николаев*

Талон 1-ый

Мастерская: *Кузница*

Требование № *3700*

Заказ № *2050.* Ордер № *102.*

Выдано раб. *Иванову.* № *500.*

Кол.	Вес	Наименование	Цена	Сумма
—	*5 п.*	*жел. диам. 50 мм.*	*100*	*500*

Число: *7. IV* Мастер: *Николаев* Выдал: *Сидоров*

Талон 2-ой

Мастерская: *Кузница*

Требование № *3700*

Заказ № *2050.* Ордер № *102.*

Выдано раб. *Иванову.* № *500.*

Кол.	Вес	Наименование	Цена	Сумма
—	*5 п.*	*жел. диам. 50 мм.*	*100*	*500*

Число: *7. IV.* Мастер: *Николаев* Получил *Иванов*

Рис. 31.

ордера (см. рис. 20) число и месяц требования, название материала, № требования и стоимость материала; последняя проставляется Управлением Склада на обоих талонах.

Затем Бюро Мастерской пересылает 1-ый талон в Калькуляционный Отдел. Здесь следят за тем, чтобы все 1-ые талоны пересылались из мастерской. Если, напр., получив талон № 3700, Калькул. Отдел заметит, что следующий номер будет 3702, то это служит признаком, что кузница не прислала талона № 3701. В этом случае затерявшийся талон сейчас же можно возстановить по корешку, оставшемуся в кузнице и по 2-му талону, оставшемуся в Управлении Склада.

Этот контроль Калькуляционный Отдел производит весьма просто. На листе бумаги, отдельном для каждой мастерской, пишут под ряд номера требований, отведенные для данной мастерской. Как только Калькуляционный Отдел получит из Бюро Мастерской 1-ый талон, — об этом делается пометка на означенном листе. После этого талон откладывается вместе с другими документами, относящимися к данному заказу (оконченные ордера, рабочие листки и т. д.).

Книжки требований переплетены таким образом, что под каждым корешком находится 1-ый талон, а под ним 2-ой талон. При помощи копировальной бумаги текст пишется сразу на всех трех бланках.

11. Управление Склада.

Вся регистрация материалов и ведение отчетности сконцентрированы в «Управлении Склада». На самом же складе артельщик ведет лишь запись прихода и расхода материалов на особых «регистрационных карточках», или подвешенных у местонахождения каждаго предмета, или сложенных в ящик, в алфавитном порядке. Образец такой карточки показан на рис. 32.

Из примера записи видно, что к моменту инвентуры, — 2-го Января, — на складе имелось 50 пудов железа, диаметр. 50 мм. Затем по требованию № 3700, (рис. 31), полученному из кузницы, было отпущено 7-го Апреля — 5 пудов. Следовательно оставалось 45 пудов. 20-го Апреля было по-

Регистрационная карточка склада.

Колич. к мом. инвент. *2. I.— 50 пуд*
Максим. колич. *100* „
Миним. колич. *50* „

Железо, круглое, диам. 50 мм.							
Число	№ треб.	№ зак.	№ заказа отд зак.	№ наклад. поставщ.	Приход	Расход	Остаток
7. IV	*3700*	*2050*	—	—	—	*5 п.*	*45 п.*
20. IV	—		*100*	*1000*	*20 п.*	—	*65 п.*

Рис. 32.

лучено 20 пудов, каковые «Отдел Закупок» заказал требованием № 100 и каковые были доставлены поставщиком по накладной № 1000.

В Управлении Склада ведется подобная же регистрация, с той лишь разницей, что здесь заносится кроме того фамилия поставщика (в случае прихода материала) и цена материала, а также определяется средняя стоимость его (см. рис. 33).

Из примера видно, что 50 пудов стоили, по 100 руб. за пуд — 5000 Р. К 7-му Апреля осталось 45 пудов на сумму 4500 Р. По представлению Управления Склада, Отдел Закупок купил у Александрова еще 20 пудов, но уже по 150 Р. за

Регистрационная карточка.

Управления склада.

Колич. к мом. инвент.	*2. I. — 50 пуд*
Максим. колич.	*100* „
Миним. колич.	*50* „

Железо, кругл. диам 50 мм.											
Число	№ треб.	№ зак.	№ зак. отд. зак.	№ накл. пост.	Приход	Расход	Остаток	Фамилия пост.	Един. цена	Сумма	Сред. цена
2. I.	—	—	—	—	—	—	*50*	*Петров*	*100*	*5000*	*100*
7. IV.	*3700*	*2050*	—	—	—	*5 п.*	*45*	—	*100*	*4500*	*100*
20. IV.	—	—	*100*	*1000*	*20 п.*	—	*65*	*Александров*	*150*	*7500*	*115*

Рис. 33.

пуд, т. е. на 3000 Р. Следовательно общая стоимость 65 пудов железа будет теперь 7500 Р., а средняя стоимость одного пуда — 115 Р.

По этим регистрационным карточкам можно в каждый момент определить, какое количество материала имеется на складе и стоимость его.

Если материал заказывается путем «перечня частей и материалов» (рис. 16), то склад отбирает материал, пересылает его в соотвествующие мастерския и делает об этом пометку, как на самом перечне, так и на регистрационной карточке. Управление же склада отмечает, в свою очередь, на своих регистрацианных карточках (рис. 33) и проставляет на перечне цены, после чего пересылает его в Калькуляционный Отдел.

П р и х о д материала регистрируется следующим образом:

А) М а т е р и а л п о с т у п а е т и з «О т д е л а З а к у п о к».

Отдел Закупок, заказавший для склада материал, пересывает накладную поставщика в Управление Складом. Эту накладную, обыкновенно, не дают на руки артельщику склада, дабы тот не впал в соблазн, не пересчитывая и не проверяя полученнаго, прямо отметить на накладной правильность ея. Обыкновенно артельщик составляет самостоятельно рапортичку, которую Управление Склада сверяет затем с накладной. (см. дальше рис. 40.) Артельщику сообщают лишь № накладной, дабы тот мог отметить это на регистрационной карточке.

Получив от Отдела Закупок копию счета поставщика, Управление Склада заполняет свою регистрационную карточку.

В этом случае Калькуляционный Отдел не получает никаких документов: лишь в тот момент, когда мастерская затребует прибывший материал обычным порядком, Калькуляционному Отделу пересылается 1-ый талон требования, с проставленными ценами.

Если же Отдел Закупок заказывает материал специально для какого нибудь выполняемого заказа, а не для склада, то тогда нет надобности в том, чтобы материал доставлялся сперва на склад, регистрировался бы здесь и затем лишь поступал в мастерскую. В этом случае материал прямо поступает в надлежащую мастерскую, мастер принимает его, посылает свою рапортичку в Отдел Закупок (ибо накладную поставщика ему не дают на руки по той же причине, как не дают ее артельщику склада), а тот, в свою очередь, посылает копию счета поставщика в Калькуляционный Отдел. Здесь стоимость материала записывается на счет исполняемого заказа.

Б) Материал поступает из Управления Производством.

Этот случай имеет отношение лишь к складу полуфабрикатов или к складу готовых изделий, поступающих в продажу. Регистрация ведется таким же образом, как и на других складах, с тою лишь разницей, что рубрика «№ накладной поставщика» заменяется рубрикой «№ накладной Управления Производством». Цена же, в которую должны войти все накладны расходы (см. рис. 10) сообщается Калькуляционным Отделом.

*

Регистрация материалов на карточках гораздо проще такой же регистрации в книгах. По карточкам видно, сколько истрачено, на какие заказы и на какую сумму такого-то материала. А на калькуляционных листах, которые ведет Калькуляционный Отдел (см. дальше) видно, какие материалы и на какую сумму истрачены для такого то заказа.

12. Инструментальный склад при мастерских.

Инструменты, требующиеся на продолжительное время, выдаются рабочим на *инструментальные книжки*; требующиеся на короткое время — на *инструментальные марки*. Книжка и марки (5—6 штук) выдаются рабочему при поступлении и имеют тот же номер, как и контрольная марка.

Инструментальная книжка указана на рис. 34. Оригинал имеет на руках рабочий, копия остается в инструментальном складе. На копии расписывается рабочий, в знак того, что получил инструменты. На оригинале расписывается заведующий складом, после того, как получил инструменты обратно от рабочего, о чем делает пометку в копии книжки.

Инструментальная книжка.

Мастерская: **Рабочий:** **№**

Инструмент	Получнл рабоч. Получ. обр. завед. скл.	Инструмент	Получил рабоч. Получ. обр. завед. скл.

Рис. 34.

Инструменты хранятся у рабочего в специальном ящике, имеющем тот же номер, что и рабочий. Один ключ от ящика вручается рабочему, другой — остается в Бюро Мастерской, дабы можно было всегда произвести ревизию инструментов.

Если рабочему нужен на непродолжительное время какой нибудь инструмент, то он направляется в инструментальный склад своей мастерской, имеющий небольшое окошко для выдачи инструментов. Инструменты хранятся в ящиках и на стеллажах. Около каждого ящика и на стеллаже имеется дощечка с наименованием инструмента. Здесь рабочий отдает свою инструментальную марку, которая вешается на крючок, прибитый к ящику или к стеллажу, — и получает инструмент. Таким образом можно всегда знать, у кого находится данный инструмент.

Случается, что рабочий сломает инструмент. Для того, чтобы он имел право обменить его на новый, он обязан получить от мастера листок, указанный на рис. 35. Сломанные части рабочий должен возвратить.

Разрешение на обмен инструм.

Рабочий № имеет право обменять на:

Число: Мастер:

Рис. 35.

Заведующий инструментальным складом ведет инвентарь инструментов, регистрируя их на карточках, расположенных по алфавиту. Инструменты, получаемые извне, помечаются черными чернилами, изготовленные в инструментальной мастерской — красными. В первом случае заведующий инструментальным складом обращается в Отдел Закупок, с просьбой приобрести такие то инструменты. Во втором — он обращается в Управление Производством, с просьбой изготовить их.

13. Закупка материала.

Все закупки: материалов, топлива, приборов, канцелярских принадлежностей и т. д. идут через «Отдел Закупок». Задача этого Отдела заключается:

а) В отыскании наиболее выгодного источника.
б) В выдаче заказа.
в) В наблюдении за сроком поставки.
г) В проверке полученного предмета.
д) В проверке счета.

а) Для выполнения первой задачи Отдел Закупок регистрирует все получаемые предложения на карточках (рис. 36), уложенных по алфавиту наименовании предметов. Параллельно с этим ведется другая регистрация, по алфавиту поставщиков (рис. 37).

Для часто требующихся предметов нет надобности в постоянных запросах у поставщиков. В этом случае руководствуются прейс-курантами. Регистрация прейс-курантов ведется следующим образом: все прейс-куранты получают свой номер, (независимо ни от перечисленных в нем предметов, ни от формата), и в порядке получения составляются в шкафу. На карточках же рис. 36 помечают № соответствующего прейс-куранта, так что пользуясь этими карточками, можно сейчас же найти надлежащий прейс-курант и предмет.

Всякое требование в Отдел Закупок, от кого бы оно ни исходило — от склада, от главной конторы и т. д. — делается в письменной форме. Образец такого требования показан на рис. 38.

Отдел Закупок или запрашивает соответствующих поставщиков, или пользуется прейс-курантами.

б) Когда Дирекция подпишет требование рис. 38, Отдел Закупок выдает заказ поставщику, по образцу рис. 39. Один экземпляр посылается поставщику, второй — в тот отдел, который затребовал предмет, дабы там знали о последовавшем заказе, третий остается в Отделе Закупок.

в) Оставшийся экземпляр заказа Отдел Закупок укладывает в папку, разделенную на 31 день и при том на тот день, когда заказ должен быть исполнен.

г) При прибытии товара таковой должен быть снабжен накладной. Самый товар отправляется отделу, затребовавшему его, где проверяется; о результатах проверки Отдел Закупок извещается путем рапортички рис. 40. На правой стороне рапортички Отд. Закупок отмечает стоимость упаковки, фрахта, пошлины и пр. Все поступающие предметы регистрируются в «книге поступившего товара» рис. 41. Если при товаре посылается только накладная, а счет поступает дополнительно, то графы «№ счета» и «цена» остаются, до получения счета, незаполненными.

Регистрационная карточка Отдела Закупок.

(по предметам).

Железо, сортовое:

Поставщик	Адрес	Число предл.	№ предл.	Цена	№ пр.-кур.	Цена брутто	Скидка	Цена нетто	Примеч.
Бестужевы, бр.	*Москва*	*1. III. 21*	*100*	*110*	—	—	—	—	
Петров	*Москва*	*1. II. 22.*	*200*	*100*	—	—	—	—	
"	"	*1. IV.*	*300*	*160*	—	—	—	—	*франко его завод*
Александров	*Юзовка*	*5. IV.*	*130*	*150*	—	—	—	—	" *наш* "

Рис. 36.

Регистрационная карточка Отдела Закупок

(по поставщикам).

Поставщик	Адрес	Предметы	Примеч.
Александров, А.	*Юзовка*	*железо и скобяные товары*	
Андреев, Б.	*Москва*	*приводные ремни*	*очень хорошие*

Рис. 37.

Требование в отдел закупок

Примечание: на этом требовании пишутся только однородные предметы.

Колич.	Вес	Предмет	Для чего	Примеч.	Запрошены	Предлож.	Цена	Цена по пр. кур.	Примеч.
	20 п.	*железо, диам. 50 мм.*	*на склад*		*Петров*	*1. IV.*	*160.—*		*фрко его завод*
	10 п.	*то-же, диам. 15 мм.*	*заказ № 2000*		*Александров*	*5. IV.*	*150.—*		*фрко наш завод*

Число: *1 апреля 1922* Подпись: *Завед. складом* Подпис: *Завед. отд. закупок*

Заказать: *Александрову*
Число: *6. IV. 22* Дирекция: *Карпов.*

Рис. 38.

Машиностроительный Завод „Альфа“

Петроград, *6 апреля* 192*2*
Сампсониевский пр., 100.

Телеф. 20-20.

Телегр. адрес: Машальфа — Петроград.

Дело *2050*

Просим ссылаться в ответах на этот №

Отдел закупок

Условия:

1. Срок доставки должен быть точно выдержан. При опоздании мы имеем право вычесть из недоставленной части 1% за каждую неделю.
2. Цены подразумеваются франко вагон Петроград. При возвращении Вам упаковки, франко город Вашей фирмы, Вы возвращаете нам 50% той стоимости, которую поставили нам в счет.
3. Платеж - наличными против товара.
4. Место исполнения заказа-Петроград.
5. Подтверждение принятия заказа к исполнению должно быть написано на прилагаемом отрывном бланке и послано нам не позже, чем через 5 дней по получении заказа. В противном случае заказ считается анулированным.

Заказ № *2050*.

Братьям Александровым

Юзовка

На основании Вашего предложения от *5 апр. с. г.* за № *130* и на основании наших условий покупки, с нижеперечисленными изменениями, заказываем Вам:

железо, сортовое,
20 пуд круглаго, диам. 50 мм.
10 „ „ „ 15 мм.

Срок: *отправки — 15 апреля с. г.*
Платеж: *против жел.-дор. накладной*
Цена: *Р. 150.— за пуд. франко наш завод*

С совершенным почтением

Машиностроит. Завод „Альфа“
Дирекция
Заведующий отделом Закупок

Подтверждение заказа

Машиностроительному Заводу „Альфа“

Петроград

Настоящим подтверждаем принятие к исполнению Вашего заказа № *2050* от *6. IV. 22* на всех условиях, указанных в означенном заказе.

Число　　　　Подпись:

Рис. 39.

Рапортичка артельщика склада № *1000*.

Получено: *20. IV.* **Распаковано:** *арт. Сидоров.* **Род упаковки:** — **Ее состояние:** —

№ наклад. пост.	Знаки на упаков.	Предмет *железо*		
		Число	Вес брутто	Вес нетто
100	—	—	—	*20 пуд* $d = 50$ *мм.*
100	—	—	—	*10 пуд* $d = 15$ *мм.*

Стоимость упаковки: —

„ **фрахта:** *включено в цену.*

„ **пошлины:** —

Проч. расходы:

Подпись:

Подпись Завед. отд. закупок:

Рис. 40.

д) На каждом полученном счете ставится штемпель по образцу рис. 42, после чего следует соответствующая проверка. Затем счет передается в бухгалтерию. Одна копия остается в Отделе Закупок, другая копия пересылается в Калькуляционный Отдел, но только в том случае, если материал затребован для выполнения определенного заказа и был доставлен не на склад, а прямо в соответствующий отдел.

Этим заканчивается работа Отдела Закупок.

Книга поступившего товара.

Число	№ заказа	№ накл.	№ счета	Для кого	Поставщик	Предмет	Цена	Фрахт и пр.	Сумма	Примечание
20. IV.	*2050*	*100*	*225*	*склад*	*Александровы, бр.*	*железо,* $d = 50$ *мм. — 20 п.*	*3000*	*включ.*	*3000*	*рапорт. № 1000*
„	„	„	„	*зак. № 2000*	„	*железо,* $d = 15$ *мм. — 10 п.*	*1500*	„	*1500*	„ „ „

Рис. 41.

Бр. Александровы, Юзовка
Скобяная торговля

Счет № *225* от *15 апреля 1922.*

Кому: *Машиностроит. Заводу „Альфа“, Петроград.*

Мы послали Вам по почте *железной дороге* пароходом согласно *В. / заказа № 2050* от *6. IV. 22*
за Ваш страх и риск, при условии платежа *прот. отпр. документ*

№ накл.	Предмет	Цена	Сумма	
100	*20 пуд. железа, сортов. d = 50 мм.*	*150 —*	*3000.—*	*Рапортичка склада № 1000*
„	*10 „ „ „ d = 15 мм.*	*„*	*1500.—*	
			4500.—	

Контрольный штемпель.		Подпись
Доставлено в срок:	*да*	
Количество и вес правил.:	*да*	
Цена правильна:	*да*	
Сумма правильна:	*да*	
Стоимость упаковки:	—	
„ фрахта:	—	
„ пошлины:	—	
Прочие расходы:	—	
За счет *склада*:	Р. *3000*	
„ „ *зак. № 2000*:	Р. *1500*	
„ „	Р.	
Уплочено: *Перевод. на Ком. банк 16. IV.*		

Рис. 42.

14. Экспедиция.

Все части заказанной машины поступают, по мере изготовления, в сборочную мастерскую. Здесь машину собирают и испытывают. Результаты испытания протоколлируются. Затем машину вновь разбирают и пересылают постепенно в Экспедицию.

Экспедиция, получившая в свое время «перечень частей и материалов» рис. 17 успела заготовить за это время ящики. Все части упаковываются, о чем на означенном перечне делается пометка, причем отмечается, какие части были упакованы вместе и в какие ящики. Затем, как на перечне, так и на комиссионной карточке (рис. 12) делается отметка: когда отправлено, № дубликата железнодор. накладной или коносамента и номер ящика.

По перечню Экспедиция следит за тем, чтобы ей были доставлены из сборочной мастерской все части.

На каждом ящике наносится масляной краской (или выжигается) номер и клеймо.

После каждой отправки заказчику посылается уведомление «авиз» (рис. 43). Стоимость упаковки, фрахта и прочих экспедиторских расходов заносятся в перечень частей и материалов (в графу «примечание»). Эту стоимость Экспедиция сообщает Калькуляционному Отделу и Бухгалтерии.

Машиностроительный Завод
„Альфа“

Уведомление

Кому: **Число:**

В частичное .... окончательное выполнение Вашего заказа от за № на мы выслали Вам пароходом .... по жел. дор. .... почтой .... согласно прилагаем ....

Число мест	Род упаков	Клей-мо	Предмет	Вес	
				брутто	нетто

Стоимость упаковки Р.
„ фрахта Р.
„ страховки Р.
„ пошлины Р.
идет за наш. .... Ваш. .... счет.

Завед. экспедицией.

Рис. 43.

15. Калькуляция себестоимости.

Весь расчет себестоимости заказов сконцентрирован в «Калькуляционном Отделе». Задача этого отдела заключается в определении:

1. себестоимости материалов } затраченных на выполнение заказов.
2. себестоимости рабочей силы }
3. размера всех накладных расходов предприятия.

В случае внешних заказов (т. е. заказов клиентов) Калькуляционный Отдел получает от Отдела Продажи копию комиссионной карточки — рис. 13.

В случае внутренных заказов, Отдел Продажи, получивший эти заказы от Дирекции, посылает копию заказа — рис. 19 — также в Калькуляционный отдел.

В случае внутренних ордеров Управление Производством посылает в Калькул. Отдел копию бланка такого ордера — рис. 20.

Получив один из перечисленных бланков, Калькуляц. Отдел откладывает их в шкаф, разделенный на ряд мелких клеточек. В такую клеточку собираются все документы, относящиеся к данному заказу или ордеру.

По мере выполнения заказа Калькуляционный Отдел получает:

а) Рабочие листки на законченные аккорды — от Расчетнаго Отдела (рис. 23 и 24).

б) Требования на материал, с проставленными ценами — от Бюро Мастерской (рис. 31). Или «перечень частей и материалов» — рис. 7, с ценами, проставленными Управлением Складов.

в) Ордера на законченные работы — от Управления Производством (рис. 18 и 20).

Калькуляционный Отдел следит за тем, чтобы все эти документы аккуратно доставлялись ему, для чего поступает следующим образом.

а) Как только ордер (рис. 18 и 20) закончен, Бюро Мастерской пересылает его в Управление Произвоством, а последнее — в Калькуляционный Отдел. По графе «№№ раб. листка» Калькуляционный Отдел проверяет, получены ли им из Расчетного Отдела все рабочие листки.

б) Проверка этого пункта была уже пояснена в главе 10-ой. Как было сказано, каждой Мастерской дается определенный интервал номеров требований. Калькуляционный Отдел отводит отдельный лист для каждой мастерской. Если, напр., после требования № 3700 (кузница), Калкуля. Отд. получит талон требования № 3702, то это служит признаком, что № 3701 не был переслан из мастерской.

в) Когда закончен весь заказ, — Управление Производством пересылает Калькуляционному Отделу комиссионную карточку, рис. 13. По графе «к этому заказу выписаны ордера», заполненной в Управлении Производством, Калькуляционный Отдел проверяет, получил ли он все бланки выписанных ордеров (к одному заказу может быть выписано несколько ордеров, составляющих в совокупности сущность заказа).

Для того, чтобы можно было в каждый данный момент знать во сколько обошлось выполнение заказа, Калькуляционный Отдел отводит для каждого такого заказа «калькуляционный листок» рис. 44, заполняемый еженедельно, на основании требований на материал и рабочих листков. Если материал затребован, путем «перечня» то стоимость материала вносится сразу.

Данныя калькул. листка за одну неделю, собственно говоря, не всегда соответствуют действительной себестоимости заказа за эту неделю. Дело в том, что Калькул. Отдел получает рабочие листки лишь после того, как отмеченная в них работа закончена. Если же работа (аккорд) не окончен, то рабочему выплачивается «аккордный аванс», который вносится и в табель, но самый листок не посылается еще в Калькул. Отдел, а возвращается в Бюро Мастерской. Таким образом, сумма, выданная рабочему, не будет приведена в эту неделю в калькуляционном листке, но зато когда работа будет окончена, то вся стоимость ея попадет в калькул. листок, хотя бы выплата этой суммы происходила в течение нескольких недель. Поэтому сумма рабочей платы калькуляционных листков за данную неделю не всегда совпадает с суммой табелей за ту же неделю.

Для устранения этого недостатка поступают следующим образом. Расчетный Отдел подсчитывает, сколько полагается получить рабочему в счет неоконченного аккорда. Затем аккордный листок возвращается в Бюро Мастерской, а в Калькул. Отдел посылается краткая рапортичка, на которой указывается: № заказа, № ордера, № аккордного листка, к которому относится рапортичка, № и фамилия рабочего и его заработок. Размер этого заработка (аккордного аванса) Калькул. Отдел вносит в калькуляционный листок. Когда аккорд окончен, Расчетный Отдел посылает в Калькул. Отдел аккордный листок, и там заносят в калькуляц. листок остаток, причитающийся рабочему за выполнение работы. При

Калькуляционный листок.
Заказ № *2000*.

Заказчик:
Предмет:
Условия платежа:
Срок:
Заказ получен: Заказ выполнен: Заказ прокалькулирован:

Число		Материал					Рабочая сила																	
от	до	Наименов.	№ треб.	Вес	Число	Цена	Модельная		Литейная		Кузница		Слесарн.		Токар.		Строг.		Сверл.		Шлиф.		Пр[illegible]н.	
							Часы	Р. К.	Часы	Р. К.	Часы	Р. К.	Часы	Р. К.	Часы	Р. К.	Часы	Р. К.	Часы	Р. К.	Часы	Р. К.	Часы	Р. К.
IV.	*14. IV.*	*железо*	*3700*	*5 п.*		*500.–*					*28*	*560.—*												
		Итого				*41.600*	*24*	*480.*	*1850*	*37.500*														
		Наклад. расходы				*5%* *2.008*		*100%* *480.—*		*50%* *18 750*		*и*		*т.*		*д.*								
		Всего				*43.680*		*960.—*		*56.260*														

Рис. 44

такой системе, сумма всех табелей будет равна сумме рапортичек и аккордных листков за данную неделю.

Для каждого «внутреннего ордера» заготовляется свой калькуляционный листок. В случае схемы рис. 21 таких листков было бы 13×10=130 штук, т. е. №№ 1—01 до 1—13; 2—01 до 2—13 и т. д.

В тех случаях, когда составляется предварительная смета — рис. 7 — ведение одного только калькуляционного листка для данного заказа недостаточно. Из этого листка видно во сколько обошлась стоимость всего заказа, но не видно, сколько стоила каждая отдельная операция. И если данныя предварительной сметы и данныя калькуляционного листка будут отличаться друг от друга, то необходимо найти ошибку в предварительной смете.

Для этого необходимо фактическую стоимость работы, видную из каждого рабочего листка, внести рядом с подсчитанной стоимостью предварительной сметы. Таким путем можно определить, какая именно работа подсчитана в предварительной смете неправильно. — Например, Технический Отдел, составлявший смету, расчитал, что поковка 6-ти болтов фундаментной плиты займет не более 18-ти часов, что при плате в 20 рублей за час даст 360 рублей. А фактически кузнец проработал 20 часов, за что ему, несмотря на обусловленную аккордную плату в 360 рублей, должны были заплатить 400 рублей. Результаты таких разногласий вносятся в смету красными чернилами и их необходимо иметь в виду при составлении аккордных расценок.

При правильно составленной смете рис. 7 и 10 сумма ее должна совпасть с суммой калькул. листка.

Все «внутренние ордера» являются накладными расходами предприятия. Размер этих накладных расходов, падающий на каждую из мастерских, виден из соответствующего калькуляционного листка, приспособленного к схеме рис. 21. Но кроме этих расходов есть еще ряд других, тоже относящихся к мастерским, но размер которых может быть определен только подсчетом. Так, стоимость двигательной силы, падающая на каждую мастерскую, берется из стоимости всей двигательной силы, разделенной пропорционально мощности станков для каждой мастерской. Стоимость освещения — пропорциональна числу свечей. Стоимость отопления — пропорциональна об'ему мастерских.

Амортизация оборудования и зданий пропорциональна затраченному капиталу.

Счет этим накладным расходам ведется в Бухгалтерии и Калькуляционный Отдел лишь распределяет их по мастерским. (Детальный пример распределения накладных расходов см. в книге того же автора «Организация промышленнах предприятий».)

Те накладные расходы, которые падают непосредственно на мастерския (схема рис. 21 и вышеперечисленные) называются «непосредственными накладными расходами», в отличие от «косвенных», «торговых», «общих» или «генеральных накладных расходов», падающих на все предприятие. К последним относятся: жалование дирекции, жалование служащих, жалование сторожей, содержание чернорабочих и транспортных рабочих, страховка зданий, рабочих и служащих, пожарный обоз, представители и агенты, реклама, почтовые и телеграфные расходы, телефон и проч. Всем этим расходам бухгалтерия открывает специальные счета.

Непосредственные накладные расходы выражаются в процентах заработной платы рабочих данной мастерской за определенный промежуток времени. Если, например, за три месяца рабочим кузницы уплочено 1 000 000 Руб. и непосредственные накладные расходы кузницы (4—01 до 4—13 схемы рис. 21, двигательная сила, отопление, освещение, амортизация) за те же три месяца составят тоже 1 000 000 Р., то эти расходы будут равняться 100%.

Косвенные накладные расходы выражаются в процентах от: (рабочей силы плюс непосредственные накладные расходы) плюс (материал плюс накладные расходы на утечку, фрахт, пошлину). Сравни смету рис. 10.

Общая сводка накладных расходов указана на рис. 45.

Сводка накладных расходов.

Наименование	Янв.	Февр.	Март	Апр.	Май	Июнь	Сумма
I. Непосредствен. нак. расх.							
Содержание зданий (1-01 до 10-01)							
„ машин (1-02 до 10-02)							
„ станков (1-03 до 10-03)							
„ эл. мотор. (1-04 до 10-04)							
„ пар. котл. (1-05 до 10-05)							
„ трансмис. (1-06 до 10-06)							
„ водопров. (1-07 до 10-07)							
„ паропров (1-08 до 10-08)							
„ освещения (1-09 до 10-09)							
„ телефонов (1-10 до 10-10)							
„ сигнализац. (1-11 до 10-11)							
Уборка помещений (1-12 до 10-12)							
Прочие работы (1-13 до 10-13)							
Двигат. сила (1-14 до 10-14)							
Освещение (1-15 до 10-15)							
Отопление (1-16 до 10-16)							
II. Общие наклад. расходы.							
Жалов. дирекции (счет № 10-17)							
Жалов. служащ. („ № 10-18)							
Содерж сторожей („ № 10-19)							
Содерж. транспорт. („ № 10-20)							
Страховка зданий („ № 10-21)							
Страховка оборуд. („ № 10-22)							
Страховка служ. и раб. („ № 10-23)							
Пожарн. обоз („ № 10-24)							
Представ: и агенты („ № 10-25)							
Реклама („ № 10-26)							
Почтов. расходы („ № 10-27)							
Телеграф („ № 10-28)							
Телефон („ № 10-29)							
III. Амортизация.							
Зданий (III. 1-01 до III. 10-01)							
Машин (III. 1-02 до III. 10-02)							
Станков (III. 1-03 до III. 10-03)							
Эл. мотор (III. 1-04 до III. 10-04)							
Пар. Котл. (III. 1-05 до III. 10-05)							
Трансмис. (III. 1-06 до III. 10-06)							
Водопров (III. 1-07 до III 10-07)							
Паропров. (III. 1-08 до III. 10-08)							
Освещ. (III. 1-09 до III. 10-09)							
Телефон. (III. 1-10 до III. 10-10)							

Рис 45.

Добавления.

А. Наем Рабочих.

Каждый рабочий получает при приеме входную марку, пять инструментальных марок, инструментальную книжку и письменный экземпляр заводского распорядка. Последний имеет нижеследующий вид:

Машиностроительный Завод «АЛЬФА».

Заводский распорядок.

I. Прием рабочих.

Каждый рабочий, при поступлении на наш завод, обязан подписать означенный распорядок, в знак своего согласия с ним. Один экземпляр остается у рабочего, другой — в Управлении Завода.

II. Уход рабочих.

Уход рабочих со службы, — с одной стороны, — и увольнение их Управлением Завода — с другой — совершаются в любое время, без предупреждения, и без указания причин. Это относится как к поденным, так и к аккордным рабочим.

III. Рабочее время.

1. Нормальная продолжительность рабочего времени — 8 часов, т. е. от 7—12 попол. и от 1—4 час. По субботам и накануне праздников работа продолжается без обеденного перерыва от 7 час. до 1 часа.

2. В случае, если обстоятельства это потребуют, Управление Завода имеет право временно изменить, удлинить или сократить означенное время, как для всего предприятия, так и для части его, или для отдельных рабочих. Об этом рабочие предупреждаются заранее мастером.

В случае надобности рабочие обязаны работать по праздникам, если это не противоречит общим законам о рабочем отдыхе.

3. За сверхурочное время рабочим уплачивается премия в 50% нормальной почасной платы. В случае сверхурочной работы при выполнении аккорда, эта премия выплачивается рабочему отдельно от аккорда.

4. Работа начинается и кончается по сигналу.

5. Заболевший рабочий обязан известить своего мастера, не позже 48 часов после заболевания; в противном случае Управление Завода имеет право его уволить.

IV. Расчет и выплата рабочей платы.

1. Рабочая плата выплачивается или почасно, согласно плате, заявленной рабочему при поступлении, или сдельно (аккордно) за сумму, определяемую в каждом отдельном случае до начала работы.

2. Платежная неделя начинается с понедельника и кончается субботой. Уплата денег производится в следующую затем субботу.

3. За аккорды, неоконченные к последнему дню платежной недели, рабочий получает лишь аккордный аванс, т. е. то же самое, что поденную плату. Аккордный остаток выплачивается в следующий за окончанием аккорда платежный день.

4. От заработка высчитываются все законом предписанные вычеты.

5. Заявления о неправильности расчета должны быть сделаны не позже 12-ти часов следующего за платежом дня, в противном случае они не будет приняты во внимание.

V. Поведение во время работы.

1. Рабочий обязан слушаться своего начальства и исполнять добросовестно порученную ему работу.

2. Если рабочий заметит дефект в обрабатываемом материале, он должен заявить об этом мастеру, не приступая к

работе. В противном случае рабочий лишается права на заработок, если работа будет забракована.

3. Кто испортит материал или обработает его иначе, как ему указано, или вообще неправильно — лишается права на заработок за эту работу и обязан возместить стоимость испорченного материала.

4. Рабочая плата полагается лишь за те предметы, которые сданы и приняты мастером.

5. Рабочий отвечает за сохранность порученных ему машин, станков, приспособлений, инструментов и т. д.

6. Ремонт перечисленных предметов рабочий имеет право производить лишь по письменному ордеру.

7. Рабочий обязан ежедневно убирать отведенное ему место.

8. При оставлении завода воспрещается брать с собою изображения или отметки размеров машин, инструментов, приспособлений, а также чертежи, модели, сырье, полуфабрикаты; также воспрещается изготовление предметов для личного употребления или для передачи третьим лицам. Помимо общей законной ответственности за перечисленные преступления, уличенный в них рабочий немедленно увольняется.

VI. Соблюдение правил общей безопасности и порядка.

1. Посещение зданий и помещений, вход в которые воспрещен, разрешается исключительно лицам, работающим там. — Рабочим вменяется в обязанность исполнять специальные «правила во избежание несчастных случаев».

2. Во время остановки трансмиссии рабочий обязан выключить обслуживаемую им машину. То же самое он обязан сделать и тогда, если заметит, что машина испортилась.

3. Рабочий обязан следить за возможностью возникновения пожара. Все легко воспламеняемые предметы, а также обтирные тряпки, концы и т. д. должны храниться в железных ящиках.

4. Огнетушительные приспособления, находящиеся на заводе, могут быть применяемы исключительно для тушения пожара.

5. Рабочий не имеет права оставлять своего места, если этого не требует его работа.

6. Посещение рабочих, в помещении мастерских, родственниками, друзьями или другими лицами воспрещено.

7. Воспрещается рабочим производить какую либо торговлю на территории завода.

8. Курить разрешается только во время установленных перерывов и в специально отведенных для этого помещениях.

9. Собрания и совещания на территории завода могут происходить только с разрешения Управления Завода.

VII. Взыскания за нарушение заводского распорядка.

1. Взыскания за нарушения заводского распорядка могут быть положены в размере полу-денного заработка; причинение побой другим рабочим, проступки против добрых нравов и нарушения общественной морали, а также несоблюдение мер предосторожности во время работ, карается штрафом до денного заработка.

2. За проступки общего характера полагаются следующие взыскания:

а) опоздание не свыше 15 минут — 5 Руб.

б) опоздание не свыше 30 минут — 10 Руб.

Помимо того, при опоздании на более чем 15 минут, первые пол рабочих часа не засчитываются.

в) отсутствие без об'яснения причин — 25 Руб.

г) загрязнение и не чистка машин — 25 Руб.

д) небрежное отношение к предметам оборудования, в зависимости от последствий, до —100 Руб.

е) запрещенное курение или небрежное обращение с огнем — 5 Руб.

3. Штрафы высчитываются из получки и отчисляются в фонд помощи рабочим.

Судьбой этого фонда распоряжаются выборные от рабочих вместе с Управлением Завода. Выборные от рабочих имеют право ревизии этого фонда в любое время.

*

Настоящий распорядок вступает в силу .... 19.. и сообщается рабочим путем развески в мастерских.

Дирекция:

*

Экземпляр настоящего распорядка получил, соблюдать таковой обязуюсь

Число .... Рабочий ....

Б. Наем служащих.

При приеме рабочих в Расчетном Отделе заполняют его «персональную карточку» (рис. 46). Здесь эти карточки хранятся в регистрационных ящиках: по одному ящику для каждой мастерской. Кроме того ведется общий алфавитный список (рис. 47). Каждая получка отмечается на карточке[1]).

Каждый служащий, принимаемый на определенную должность, получает, под расписку, печатный перечень своих обязанностей[1]). С мелкими и средними служащими не заключают контрактов, но приглашают их письменно, сперва на пробу, а потом на более продолжительное время.

Схема таких приглашений приведена ниже.

Господину Н. Н.

Адрес.

Ссылаясь на Ваше прошение о зачислении к нам на службу, настоящим приглашаем Вас в Отдел .... на должность .....

Вы поступаете .... числа. Работа продолжается от 9—3, без перерыва. В случае необходимости сверхурочной работы, таковая производится без особой доплаты.

Первый месяц Вашей работы считается испытанием. За это время обе стороны вправе отказаться без предупреждения. В этом случае Вам уплачивают жалованье по день Вашего ухода.

По окончании пробного месяца мы оставляем за собою право или отказаться от Ваших услуг или пригласить Вас на дальнейшую службу.

Оклад Вашего жалованья составляет .... в месяц.

Просим подтвердить Ваше согласие.

Господину Н. Н.

Адрес.

По окончании пробного месяца, мы решили предложить Вам остаться у нас на службе.

---

[1]) См того же автора „Организация промышленных предприятий".

Персональная карточка.

Мастерская: № рабочаго:

Поступил	Ушел
Фамилия, имя: Профессия: Должность: Число: День и год рожд.: Семейное полож.: Адрес: Первоначальн. плата: Повышение платы: Мастер: Начал. мастерск.:	Причина: Число: Выдано свидет. № Мастер: Начал. мастерск.:

Результат медиц. осмотра:

Врач:

Рис. 46.

192 год.																	
Плат. неделя						Январь	Февр.	Март	Апр.	Май	Июнь	Июль	Авг.	Сентяб.	Окт.	Нояб.	Дек.
1 2 3 4	5 6 7 ⋮	⋮	⋮	⋮	52												

Рис. 46 а (оборот. сторона).

Алфавитный список рабочих.

Фамилия	Имя	№	Мастерск.	Поступил	Ушел

Рис. 47.

Оклад Вашего жалованья будет.... в месяц.

Отказ от места должен быть обоюдно произведен за 1 месяц. В течение этого месяца Вы имеете право ежедневно отлучаться на 1 час для приискания занятий.

Просим подтвердить Ваше согласие.

*

Старшие служащие, доверенные и директора приглашаются служить по контракту.

Ниже приводим образец контракта с лицом, приглашенным на должность директора.

*

Между Машиностроительным Заводом «АЛЬФА», называемым дальше «АЛЬФА» и господином Н. Н. заключен сегодня следующий договор..

1. Г-н Н. Н. поступает с сегодняшнего дня на должность директора «АЛЬФА» на следующих условиях:

2. Продолжительность сего договора первоначально определяется на 1 год. Если за три месяца до окончания срока ни одна из сторон не заявит о своем отказе, то договор этот обязует обе стороны продлить его еще на 3 года.

Г-н Н. Н. обязуется за все время нахождения его на службе у «АЛЬФА» работать исключительно для этого Общества, не вести никаких посторонних торговых или иных подобных дел и не принимать никаких иных должностей.

4. Кроме случаев, предусмотренных законом, «АЛЬФА» имеет право уволить г-на Н. Н. до истечения срока договора только тогда, если г-н Н. Н. по болезни не может исполнять своих служебных обязанностей в течение более трех месяцев. Г-н Н. Н. должен быть предупрежден об этом за 3 месяца.

5 За свою работу г-н Н. Н. получает в месяц ....., каковая сумма уплачивается ему 1-го каждого месяца и кроме того....% с чистого дохода, определенного в балансе. Эта тантьема уплачивается после принятия баланса общим собранием акционеров. В счет тантьемы г-н Н. Н. имеет право получать ежемесячно до ..... При окончательном расчете забранные г-ном Н. Н. суммы в счет этой тантьемы подлежат вычету.

6. Г-н Н. Н. подчиняется по должности Совету Общества и действует по инструкциям, получаемым им от такового.

7. Все расходы, связанные с заключением этого договора, несет «АЛЬФА».

Город..... Число.....

В. Передача представительства.

При передаче представительства на продажу изделий Общества, полезно заключать соответствующий договор, вроде нижеследующаго:

Между Обществом.... и ....., называемым ниже «представитель» заключен.... числа.... года следующий договор.

1. Общество передает Представителю единственное право продажи своих изделий в.... городе или.... округе.

2. Общество обязуется все запросы, корреспонденцию и т. д., получаемые им из указанного района, передавать для дальнейшей обработки Представителю.

3. Представитель имеет право иметь и другие представительства, но отнюдь не на изделия, однородные с изделиями Общества.

4. Все продажи и сделки, заключенные Представителем от имени Общества в пределах особо-выданной ему Обществом доверенности, совершаются за страх и под ответственностью Общества.

6. Общество выполняет заказ, переданный ему при посредстве Представителя и выписывает счет клиенту. С каждого счета Представитель получает, по оплате его клиентом .....%-в. Расчет с Представителем производится 1-го числа каждого месяца. Общество имеет право отказаться от выполнения заказа, если таковой будет признан им невыгодным, или, если Общество считает заказчика не благонадежным в смысле платежа. В этих случаях Представитель не получает никакого комиссионного вознаграждения.

7. Общество препровождает Представителю безвозмездно свои прейс-куранты, листовки и прочий рекламный материал.

8. Общество посылает Представителю на склад свои изделия в количестве, какое сочтет необходимым. Доставка изделий на склад и содержание склада идет за счет Общества. Представитель обязан вести точную отчетность и ответстве-

нен перед Обществом за сохранность склада. Изделия, находящиеся на складе, составляют собственность Общества.

9. Общество имеет право в любое время проконтролировать деятельность Представителя, для чего последний обязан пред'явить для просмотра свои книги, корреспонденцию и т. д.

10. Представитель имеет право принимать заказы только на условиях продажи, предписанных Обществом. Для уклонения от этих условий требуется каждый раз разрешение Общества.

11. Представитель обязан держать Общество в курсе условий местного рынка, конкуррентных цен и т. д.

12. Договор этот заключается на срок.... года. Обеим сторонам предоставляется право нарушить его до срока с предупреждением в.... месяцев. Если этого предупреждения не последовало, то договор считается продленным на........ год.

В случае досрочного прекращения договора производится инвентура склада. Отсутствующие изделия должны быть уплочены Представителем по ценам, которые существовали в момент заявления о прекращении договора. Склад принимается или очищается Обществом за свой счет. За уже законченные сделки Представителю должно быть уплочено обусловленное комиссионное вознарраждение.

Число....　　　　　　　　Подписи....

Типография Макс Шмерзов; Кирхгайн Н.-Л.

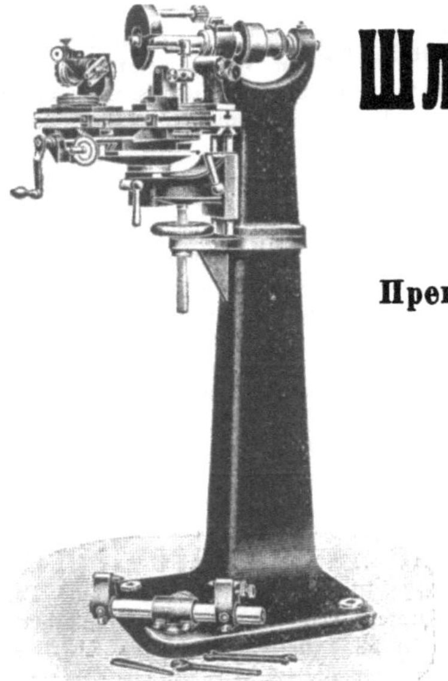

Типография Макс Шмерзов, Кирхгайн Н.-Л.

Bei Fragen zur Produktsicherheit wenden Sie sich bitte an:
If you have any questions regarding product safety,
please contact:

Walter de Gruyter GmbH
Genthiner Straße 13
10785 Berlin
productsafety@degruyterbrill.com